地质素描与绘画表现

GEOLOGICAL SKETCH AND PAINTING EXPRESSION

编　　著：池漪
参　　编：李远耀 夏震
配　　图：池漪 甘世煜 吴思伟 雷嘉男
　　　　　甄一书 李雨菲
装帧设计：吴思伟

中国地质大学出版社
ZHONGGUO DIZHI DAXUE CHUBANSHE

序言

地质素描是野外地质工作中获取原始资料的重要手段与基本技能之一。正如本书作者开篇所言"地质与绘画，从学科角度讲，是两个不同领域的交叉，是科学与艺术的融合"。地质素描（绘画）吸取了绘画技巧和地质制图中高度概括地质结构的方法，以线条为主要表现形式来反映典型地质现象的形态特征和规律，在记录、描述和阐明地质问题方面传达给人以直观、形象和简洁的印象。地质素描不同于摄影，后者是无取舍的客观反映，前者是素描者对地质现象的主观观察、提炼、综合，对现象的描绘更理性、深入。

在20世纪70年代以前，野外地质素描与绘画技能一般是一名合格地质工作者的基本要求，地质科学史上许多有成就的地质学家，往往同时也是地质素描的大家。在许多耳熟能详的经典地学著作和文献中，往往能发现很多集高度的艺术性与科学性为一体的地质素描（或绘画）插图，在客观精确表达地质现象和地学知识的同时又能给人以极高的审美享受。然而，令人遗憾的是，随着现代照相、摄像及遥感技术的快速发展，地质素描被"冷落"，往往被照片所取代。最近在对高校地质类专业教学质量进行检查时，发现学生不善于地质素描的情况十分普遍。强化地质素描教学已提到议事日程。

正是着眼于当前地质领域的学校毕业生，乃至青年一代地质工作者地质素描技能的缺失与薄弱，重新发掘与发展地质素描（绘画）在简洁、鲜明与直观描述地质现象上的特殊作用，作者精心撰写的《地质素描与绘画表现》一书，具有十分重要的科学艺术价值。

池漪副教授出身于地质工作者世家。她绘画功底深厚,近年来多次参加国内外专业水平画展,广受好评。在长期为地质专业学生的课堂教学和野外实习授课中,特别是参与国内行业地质技术人员野外工作培训中,深感有些地质现象很难用文字和照片描述清楚,又发现当前地质工作者的素描与绘画技能普遍存在严重不足。因此,通过长达一年多的潜心准备与广泛交流,调研需求、积累素材、构思绘制,精心编撰了《地质素描与绘画表现》。该书从三个大的方面系统地讲述了地质素描与绘画表现,包括素描及绘画专业知识的介绍、透视法则和素描技法、地质素描(绘画)实例等,该书结构完整、内容充实、插图精美,加之体例系统、语言精练、概念清晰,可为相关领域的高校学生及现场地质工作者学习地质素描提供很好的帮助与借鉴!

如前所言,地质素描与绘画在地质科学研究与生产工作中具有不可替代的特殊作用。地质素描能直观形象地表达地质现象,与文字描述相互补充印证;能够目标明确地对复杂地质现象有所取舍,突出重点,补充摄影、遥感等技术方法的客观限制;可以极大地丰富野外地质资料的内容,大幅提高第一手资料使用价值,而野外工作质量是地质科学与地质行业发展的基石;同时,通过地质素描与绘画训练,还可以很好地锻炼野外现场观察能力,对培养地质专业本科生或研究生的野外地质工作能力将大有裨益,所有这些,对于地质科学创新发展与地质行业的可持续发展也具有现实意义。因此该教材的出版发行适逢其时,值得欢迎和祝贺!

2017 年 3 月 2 日

前言

地质与绘画,从学科角度来讲,是两个不同领域的交叉,是科学与艺术的融合。我们在实践中,从地学的角度研究山川地貌,沟壑块垒,一沙一石,再运用绘画技巧将我们的所见所察精准优美地表达出来,需要兼具对两个学科知识技能的熟知和掌握。而地质绘画的意义在于,无论是在野外勘查的过程中随手勾画我们所看到的地质现象,还是作为科学研究的直观呈现,都有着摄影和遥感技术不可替代的作用。我们用画笔描绘出对地质现象的内在理解和推断,可以达到更为清晰明确的效果。回看历史资料,也能发现不少技术性绘画作品,既有科学的精妙,又有艺术的美感,具有很高的研究和收藏价值。

我们知道,绘画属于人类探索精神世界,展现我们的想象力和创造力的艺术领域。纵观艺术史发展的脉络,可以发现东西方艺术在其漫长的路途中,形成了两种不同的艺术表现形式和审美体系:东方艺术体系,重意象而务虚;西方艺术体系,重再现而务实。而本书展开讲解的,正是建立在西方艺术体系之上,注重写实,力求真实再现三维世界的绘画方式。这种绘画方式和技艺,能很好地应用于实践,为求真务实的科技服务。

学习绘画,首先要从素描入手,作为基本功训练的素描,它不仅仅是手上技巧的练习途径。更本质的是,它能帮助我们养成写实绘画正确的观察方式。通过绘画,我们将打破日常的思维习惯而更深入地观察物体微妙的形状结构、明暗和肌理的效果,从而提升视觉为洞察力。同时,作为一种艺术形式,素描有着丰富的表现技巧和审美体现,值得大家深入学习。所以本书在内容上会涉及到更宽泛的领域,旨在对我们人文素养的累积做一些提示。

本书将从三个方面来讲述地质素描与绘画表现：

（1）绘画专业知识的介绍。素描及地质素描的定义与内容，列举适合用于表达地质现象的绘画形式，如铅笔画、钢笔画、水彩、综合材料表现等。

（2）透视法则和素描技法的讲解。学会科学的观察方法和表现方法，通过系统的学习训练，丰富知识，锻炼技巧，从而做到能够得心应手地描绘眼前的事物，表达内在判断和思想。

（3）地质绘画实例。分三大类：地貌绘画、地质构造素描、岩矿标本绘画。

这些绘画实例大部分是素描形式，可以为初学者提供学习范例。也有一小部分采用了水彩的形式，因为有些地质景物，特别是标本部分，色彩是重要的特征之一。本书希望能够提供除素描之外更丰富的形式给读者参考。

本书承蒙李远耀副教授参编地学部分，池顺都教授审阅，殷坤龙教授、向东文教授、徐光黎教授给予宝贵意见，谨表诚挚谢意。甘世煜、雷嘉男、吴思伟、甄一书为此书绘制图例，吴思伟做装帧设计，薇拉艺术工作室承担设计策划，武汉映真文化艺术有限公司为本书提供高清经典图片，在此一并致以谢意。

本书在编绘过程中，得到了中国地质大学（武汉）学院部门的支持和专家同仁的帮助，在此致以谢意。

特别致谢赵鹏大院士在百忙之中为本书题写序言，这是对学科发展有力的支持与推动。

衷心希望此书能对读者有所帮助。由于编绘者是非地学专业人员，书中可能存在不妥之处，敬请读者、专家批评指教！

2017年3月15日

Contents/目录

第一章 地质素描概论
1.1 素描的定义 002
1.2 素描的分类 004
1.2.1 画面效果分类
1.2.2 工具材料分类
1.2.3 表现形式分类
1.2.4 表现内容分类
1.3 地质素描的定义 018
1.4 地质素描的分类 019
1.4.1 表现形式分类
1.4.2 表现内容分类
1.5 地质素描的标注说明 029

第二章 绘画材料与特性
2.1 铅笔材料 033
2.1.1 画笔
2.1.2 画纸
2.1.3 橡皮
2.1.4 技法特点
2.2 钢笔材料 036
2.2.1 画笔
2.2.2 画纸
2.2.3 技法特点
2.3 毛笔材料 040
2.3.1 画笔
2.3.2 颜料
2.3.3 画纸
2.3.4 技法特点
2.4 综合材料 043

第三章 透视基本原理
3.1 透视的概念 047
3.2 透视的类型 050
3.2.1 平行透视
3.2.2 成角透视
3.2.3 倾斜透视
3.2.4 曲线透视
3.3 透视的应用 058

第四章 素描基础技法

4.1 构图法则 065
4.2 观察方法 072
4.2.1 整体的观察
4.2.2 比较的观察
4.2.3 立体的观察
4.2.4 理解的观察
4.3 作画步骤 076
4.3.1 确立构图
4.3.2 划分结构
4.3.3 深入塑造
4.3.4 调整完成
4.4 艺术表现 082
4.4.1 点的表现
4.4.2 线的表现
4.4.3 面的表现
4.4.4 多种表现结合

第五章 地质绘画实例

5.1 地貌绘画 090
5.1.1 山岳地貌
5.1.2 平原地貌
5.1.3 河流地貌
5.1.4 湖泊地貌
5.1.5 海岸地貌
5.1.6 岩溶地貌
5.1.7 黄土地貌
5.1.8 风蚀地貌
5.1.9 重力地貌
5.1.10 冰川地貌
5.2 地质构造素描 101
5.2.1 水平岩层构造
5.2.2 直立岩层构造
5.2.3 倾斜岩层构造
5.2.4 褶皱构造
5.2.5 断裂构造
5.2.6 其他小构造
5.2.7 多种构造组合
5.3 岩矿标本绘画 112
5.3.1 晶体标本
5.3.2 矿物集合体标本
5.3.3 岩石标本
5.3.4 古生物化石标本

主要参考文献 128

第一章 地质素描概论

在地球科学领域,我们常常需要用绘画形式来记录描述某些地质现象和内容,以替代受光线、气候、视角等条件限制而显得纷繁复杂、主次不清的影像资料。地质工作者的野外记录簿,也经常会借助简洁准确的素描图来替代冗长的文字描述,以达到一目了然的效果。所以,作为地质工作人员,学习和掌握一定的绘画技能,很有必要。用于表现地质现象的绘画方式有很多,如铅笔画、钢笔画、水彩等,而这些绘画方式的基础,就是素描。通过素描的研习,我们可以学会如何观察事物,归纳和表现,直至精准、全面、艺术地描绘出我们要表达的对象,这就是素描学习的意义。

那么,什么是地质素描?画好地质素描需要具备哪些知识和技能呢?地质素描一方面需要我们熟练掌握绘画造型规律,借助艺术手法来呈现地质现象;另一方面,又不同于纯粹的艺术性绘画,它更需要客观严谨地传达地质内容,同时反映出作者对地质现象的科学认识和推断。由此可见,地质素描是艺术与科学交叉结合的学科。那么,要全面地理解地质素描的概念,我们需首先了解大的素描概念和范畴。

1.1 素描的定义

从字意上看,素描有"朴素的描写"之意。素描的英文"sketch",包涵了素描、草图、速写、简述的意义。狭义的素描,指在纸上所做的单色画。而从实践角度来看,当今素描的定义有了较大的扩展,它是泛指在纸质等载体上,用铅笔、钢笔、毛笔甚至电脑手绘板等工具,对物体所做的色调单纯的描绘。

素描是一切造型艺术的基础学科,是通过线条、色块的深浅把我们所画的物象的体积和空间的感觉,真实地表现在平面的纸上。同时,作为独立的艺术形式,素描涵盖与牵连的东西很多,解决的问题也很多,素描作画的过程是同一时间考虑许多问题的综合思维活动,它既可以纤毫毕现地展现物体的真实样貌,又可以用写意的画法,超越物体的表象而直接揭示其内在精神。因此,让我们先从素描的分类来较为全面地了解这门艺术。

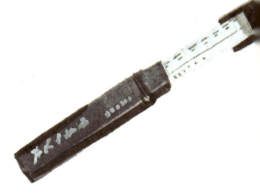

野外地质勘察工具：地质锤、罗盘、放大镜、小刀、计算尺、水壶（水彩） 取材自《温家宝地质笔记》P111

1.2 素描的分类

1.2.1 画面效果分类

按画面效果可分为:短期素描(速写)、长期素描。

短期素描(速写): 短期素描也可以称为速写,是在短暂的时间内快速地画出对象特征的绘画技法。速写能及时地抓住要点、记录实况、收集素材,好的速写本身也是艺术品。

长期素描: 长期素描是指在一段较长时间内对对象做的深入详细的刻画,充分表现出物体的明暗色调、结构和空间关系、质感特征和美感等,从而在画面效果上呈现出丰富内容的一种绘画方式。

短期素描 画家和他的模特 1927年 毕加索

长期素描 亚当与夏娃 1504年 丢勒

1.2.2 工具材料分类

按工具材料可分为：铅笔素描、钢笔素描、毛笔素描、综合材料等。

不同的绘画材料工具，会给画面带来风格各异的效果，同时也需要绘画者充分熟悉材料工具的性能，采取对应的绘画方式来达到理想的效果。这一部分的内容，会在第二章绘画材料与特性中展开详述。

铅笔素描

钢笔素描

毛笔素描

综合材料素描

1.2.3 表现形式分类

按表现形式可分为：结构素描、明暗素描、设计素描。

结构素描：结构素描多以线条为主要表现手段，略去对物体表面的光影、质感和明暗的描绘，而着重于物体本身的结构特征。这种素描形式比较适合初学者练习，有助于练习者建立良好的体积感和空间感。

静物结构素描

明暗素描：是以明暗色调为主要表现手段的绘画形式，能立体地表现光线照射下物体的形体结构、质感和色度，再现三维空间的距离感，使画面形象具有更加真实的直觉效果。

静物明暗素描

设计素描：设计素描是通过对表现对象内在关系与外观形式的想象整合，从而达到超越模仿，主动创造，将艺术形式融入设计目标，体现了创造表现与艺术描绘和谐统一的绘画形式。

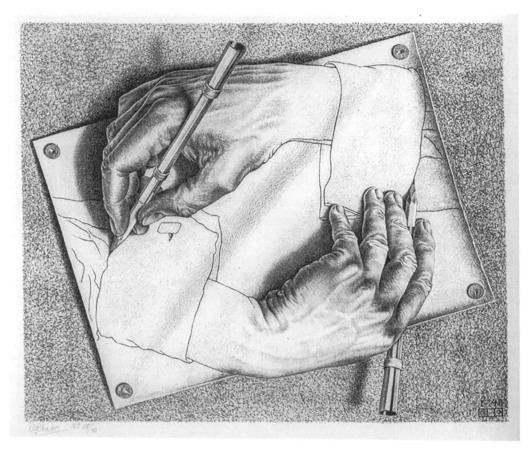

设计素描 画手 1948 年 埃舍尔

1.2.4 表现内容分类

按表现内容可分为：叙事性素描、表现性素描、技术性素描。

无论何种绘画形式，都要根植于它要表现的内容。通过对艺术史的研究，我们会发现，自然与人类生活的林林总总，无不可见诸于画端，并派生出不同的风格和特点。我们也凭着艺术的方式，领略并展现了人文与科学的博大丰美。

地质素描，在绘画内容上，是关于地球科学的技术性素描。对内容的明确划分，是为了找到正确表现形式。因此，我们先来简要了解一下，叙事性素描、表现性素描和技术性素描的定义及各自的特点。

叙事性素描：叙事性素描是艺术地描绘，以静物、动物、风景、人物以及日常生活场景的内容为载体的素描，此类素描往往偏重写实的手法，并融入了绘画者个人感受和审美创造，是比较常见的一种类别，历史上也留下了很多经典的作品。

叙事性素描 画家之母肖像 1514 年 丢勒

叙事性素描 西斯廷壁画中的女预言家 约1510年 米开朗基罗

叙事性素描 风景素描 1888年 梵高

表现性素描：表现性素描是重在传达思想感情以及发掘潜意识心理的素描。表现性素描并不过于注重描绘事物的现实外表，而是诉诸于内心。它有非常丰富的形式和风格，是兴起于20世纪巨大社会变革下的绘画类型，现在仍然发展变化着。

表现性素描 小公鸡 1938 年 毕加索

表现性素描 呐喊 1895年 蒙克

技术性素描：技术性素描要清晰地描绘一件客观事物，相对于审美表现，它更偏重的是精准表达和技术设计。技术性素描包括为科学目的而作的插图与说明，地质素描，就属于技术性素描。很多艺术家也都作过很精湛的技术性素描，技术性素描是科学与艺术完整结合的一种绘画形式。

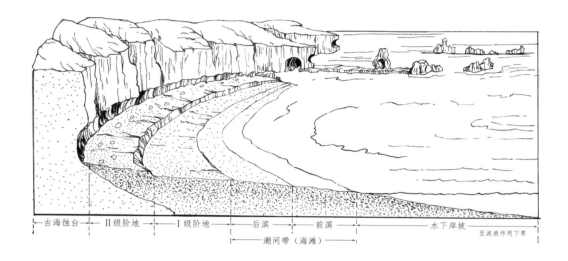

技术性素描 海岸地貌图解

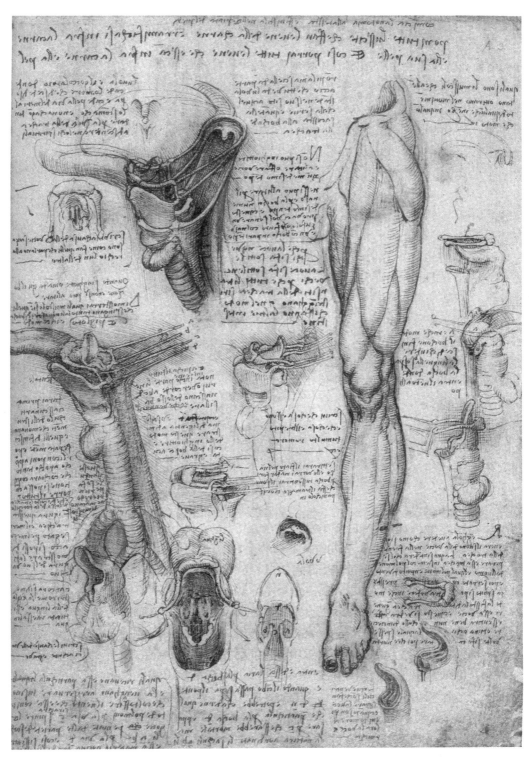

技术性素描 解剖研究 1510 年 达·芬奇

1.3 地质素描的定义

地质素描，是以野外地质现象为表现对象，从地质观点出发，运用透视原理和绘画技巧来表达地质现象或地质作用的作品。

地质素描包括地貌景观、地质构造、岩石矿物等内容。地质素描应该清晰地表现地质现象或主题，做到重点突出，概念明确，应用简便明了，这对提高工作效率和工作质量起着重要作用。

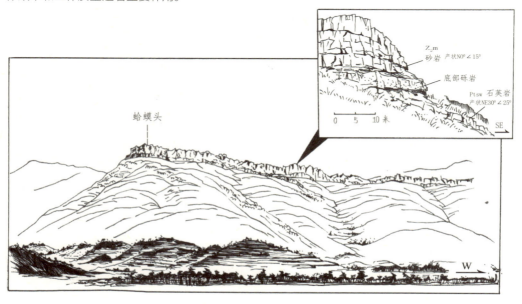

河南嵩山群五指岭组与震旦系马鞍山组之角度不整合接触

1.4 地质素描的分类

地质素描的分类方式有很多,我们来看主要的分类。

1.4.1 表现形式分类

按表现形式来分类:完整详细的明暗素描图、概括提炼的结构素描图、地质剖面素描、地貌形态示意图等。

明暗素描图:注重表现物体的光影关系和质感,具有真实感的素描。适用于表现具有空间感的地貌景观和需要呈现质感特点的化石和矿物标本等。

明暗素描图 海岸地貌

结构素描图:略去明暗关系,注重表现物体的结构和体面转折关系,具有内在稳定感的素描。适用于揭示结构特征,多用于地质构造的描绘。

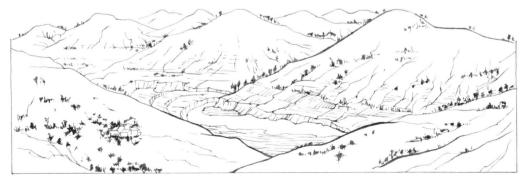

结构素描图 页岩低山丘陵地貌

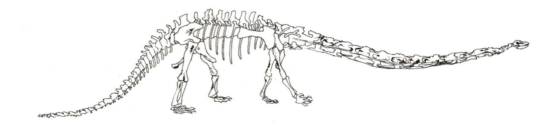

结构素描 合川马门溪龙骨骼

地质剖面素描：多用线条表现，略去细节和实体特征而突出要表现的地质内容，具有平面化示意性的特点。

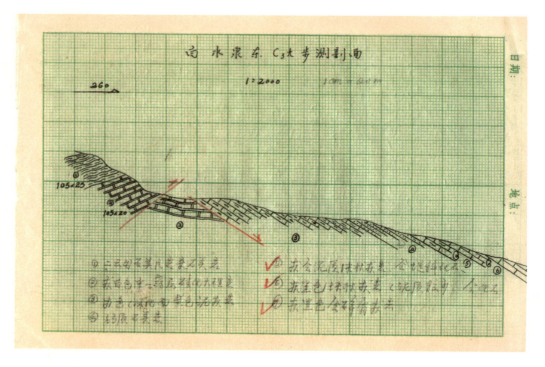

地质剖面图 白水泉东 C3t 步测剖面（《温家宝地质笔记》P89）

地貌形态示意图：地貌形态示意图也多采用结构的画法，用线条提炼出地貌的空间透视关系、结构特征、地质特点等，是理性地揭示地质形态内在本质的素描。

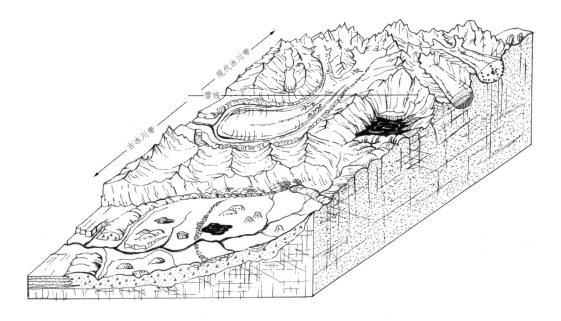

地貌形态示意图 现代山岳冰川和冰川遗迹

1.4.2 表现内容分类

表现内容可分为：地貌素描、地质构造素描、岩矿及古生物化石标本素描、地质剖面素描等。

地貌素描：地貌素描主要是对地貌景观的大视域描绘，以此反映地质作用或不同性质的岩石形成的特有地形地貌特征。地貌素描表现的是地表自然要素如地貌、岩石、土壤、水文、气候、动植物等综合景观，作画时既要整体宏观地观察，又要细致提炼地描绘，要善于运用透视原理及恰当的表现方式，准确地反映出地质形态的变化关系。

地貌素描的目的是搜集各种地质形态的直观资料，作为分析地貌成因和研究发育规律的直接依据。依据地貌的成因，我们又可以把地貌素描分为山岳地貌素描、平原地貌素描、河流地貌素描、湖泊地貌素描、海岸地貌素描、岩溶地貌素描、黄土地貌素描、风蚀地貌素描、冰川地貌素描共九大类型。

新疆魔鬼城雅丹地貌素描

023

地质构造素描：地质构造素描主要表现具有代表意义的典型地质构造现象。常用的构图一般是选取特定的地质构造或较大构造的局部。地质构造素描需要用精细的描绘手法，将其构造特征较真实形象地反映出来，也可称作特写。地质构造素描表现的内容有水平岩层构造、直立岩层构造、倾斜岩层构造、褶皱构造、断裂构造、多种构造组合以及其他小构造等。

断裂构造素描

岩矿及古生物化石标本素描：矿物、岩石及古生物化石等手标本素描要精准地刻画出标本的特征和质感，做到细致美观。岩矿素描描绘的内容包括晶体标本、矿物集合体标本、岩石标本、古生物化石标本等。

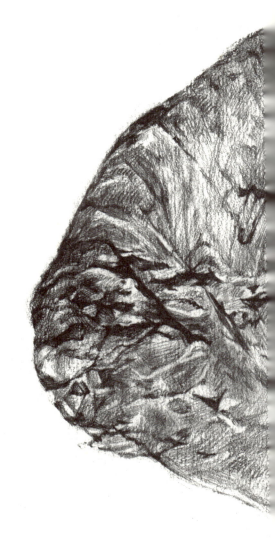

鱼化石素描

地质剖面素描：地质剖面素描是在沿着不同方向上的地质剖面上所作的素描，反映所观察到的各种地质现象，如地层、构造、侵入岩形态及穿插关系等。素描图略去实际观察到的细节，将使地质内容更加突出。剖面素描应画出地貌形态特征和各种地质现象，并勾连其地质构造，标注产状要素和岩性花纹。剖面素描是平面化示意性的表现，而且有规范的图例说明。

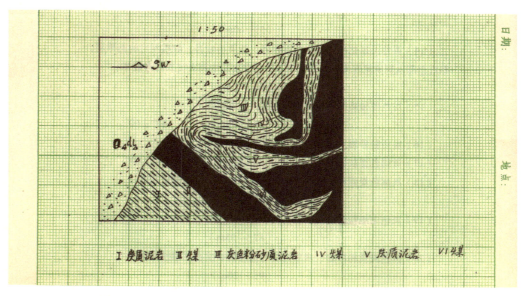

南九个羊煤层素描图　（《温家宝地质笔记》P109)

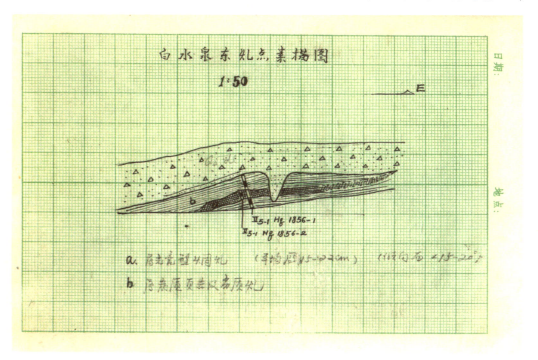

白水泉东煤点素描图　（《温家宝地质笔记》P90)

1.5 地质素描的标注说明

地质素描是技术性素描，所以在素描图中，往往会标注说明如下内容：
(1) 图名及素描内容的文字说明；
(2) 地质界线或地质符号，代号及相应的说明；
(3) 图中主要山岭、居民点、河流、湖泊的名称、标高；
(4) 比例尺（或陪衬物）、素描图的方位、视角及图中构造线方位；
(5) 素描点所在地理位置；
(6) 素描的日期、作者、单位等。
补充文字：由于剖面素描在构造地质学中有专门的阐述，本书在此不再展开。

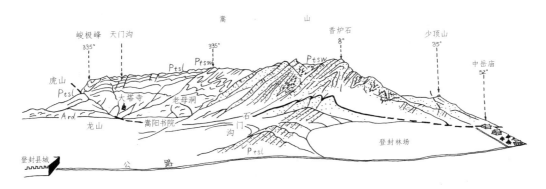

河南嵩山构造素描

从登封县东蝎子山坡往北画，各山名下写的角度就是从绘图地点望去的方位角。Ard-太古界登封群，Ptsl-元古界嵩山群罗汉洞组，Pt.sw-远古界嵩山群五指岭组。黑粗线表示断层

河南登封嵩山构造素描　马杏垣

第二章 绘画材料与特性

前面我们了解了素描以及地质素描的定义以及它的涵盖范围，这一章我们来熟悉各种绘画材料与工具，以及它们的特性。

绘画的材料和工具在视觉传达上起着重要的作用。以前我们在绘画材料工具的使用上比较单一，而随着社会的进步和发展，现在绘画工具、材料品种日渐繁多，为我们提供了更多的选择。绘画材料工具的不同特质给绘画带来了多元的呈现，丰富着作品的表现力，赋予画面独特的个性风格。同时，对于不同绘画材料工具的掌握和发挥，也会不断激发出我们的灵感和创造力，从而推动绘画艺术不停向前发展。

在绘画中，素描使用的材料工具非常丰富，铅笔、炭笔、钢笔、油画棒、色粉笔、毛笔等都可以拿来进行勾勒描画。其中，铅笔画因其材料工具简单易控，细腻丰富的特点成为初学者入门首选的训练方式。而钢笔材料工具，方便携带并易于保存，被人们广为运用，由此发展出完整丰富的技法，也形成了钢笔画的独立体系。同样独具魅力的还有以毛笔为工具的水性材料等，这些工具材料或单独使用，或混合运用，使得素描的效果精彩纷呈。

学习素描，我们尽量尝试不同工具材料的性能，只有熟悉绘画工具和材料，并进行相应的技法训练，才能画出越来越精彩的作品。

2.1 铅笔材料

铅笔素描是初学者入门首选的一种绘画方式，铅笔素描表现层次丰富，有便于描绘和涂改的特点。

2.1.1 画笔

绘画铅笔根据笔芯的硬度，划分成 13 个等级，以英文字母 H、B 相区别。H 表示硬铅，硬度 H1—H6，数字越大，硬度越强，颜色也越淡。B 表示软铅，软度 B1—B6，数字越大，软度越大，颜色越重。H 级的铅笔色浅，也便于修改，适用于素描的起草。B 级的铅笔，适用于画物体的深色。

2.1.2 画纸

铅笔素描通常在专用的素描纸上进行，选择纸张时，要注意纸质坚实、平整、耐磨。除了专业的素描纸，铜版纸、牛皮纸、有色卡纸等也可以作为素描用纸，纸张的性能不同，会给素描带来不同的画面效果。现在画材市场上除了不同尺寸克数的单幅画纸，还有装订成册的素描本和速写本，也有不同的开本和纸张型号，可做短期练习和野外写生用，这种素描本也比较适合初学者选用。

2.1.3 橡皮

绘画的橡皮有很多，大致分两类，软质橡皮和硬质橡皮。我们用软质橡皮提粘掉软铅画出的深色区域，因为如果用硬质橡皮擦的话，容易造成深色区域的脏乱滑腻。而当我们在处理素描亮部的时候，硬质橡皮可以非常利落地擦掉需要涂改的部分。在一些特殊铅笔画技巧里，橡皮有时候又可以变成绘画工具，用来在深色底子上擦出明亮的线条，从而增加画面的层次感。

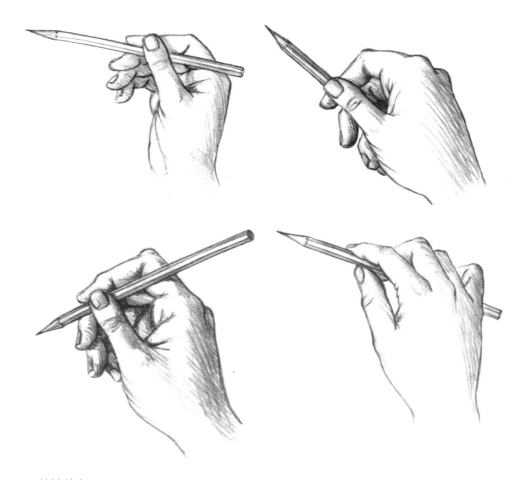

2.1.4 技法特点

用铅笔作画，起稿和大范围涂画时，笔杆空握于掌心，笔侧着纸，悬臂作画，使手腕可以灵活转动。细节刻画时，握笔与写字时相同，为了防止手侧贴纸弄脏画面，可以用小手指支撑在纸面作画。铅笔素描的明度变化是靠手的轻重和笔触的重叠达到目的的。除了铅笔，同样适用此类画法的工具还有炭笔和炭精棒，这两种都是以炭精作材料的，特点是笔色黑浓，附着力稍差，与纸的摩擦力大，不宜于涂改，多用于比较粗放写意的画法，在此不再细述。

2.2 钢笔材料

钢笔画属于独立的画种,是一种具有独特美感且十分有趣的绘画形式,其特点是用笔果断肯定,线条刚劲流畅,黑白对比强烈,画面效果细密紧凑,对所画事物既能做精细入微的刻画,亦能进行高度的艺术概括。

2.2.1 画笔

最早的钢笔画是使用鹅管笔画成的,现在的钢笔画用笔,主要有针管笔、直头钢笔、弯头钢笔(美工笔)、蘸水笔等,而以圆珠型笔尖和免再吸墨水笔芯为主要特征的水性笔和油性笔,因其便捷、洁净和书写流利的特点,也成为钢笔画用笔的好选择。钢笔选择的关键是笔的蓄水足、出水匀、笔尖弹性好,使用起来要得心应手。

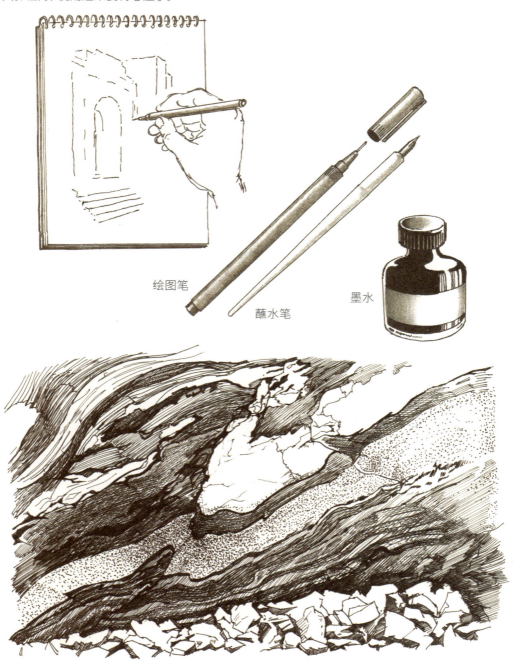

绘图笔　　蘸水笔　　墨水

2.2.2 画纸

钢笔画的纸张的选择,以光滑、厚实、不渗水的为好。复印纸、素描纸、水彩纸、铜版纸、白卡纸、新闻纸、宣纸等均适宜,不同纸张的选用,会带来各种非常有趣的画面效果。

2.2.3 技法特点

钢笔画不易涂改,下笔应尽量一气呵成,以保持线条的连贯性,使笔触更富有神采。钢笔线条不能像铅笔画一样靠用笔的轻重来控制画面明度变化,而是通过线条的粗细、长短、曲直、疏密等排列、组合,体现不同的层次和质感。钢笔画重要的造型语言是线条和笔触,线条的轻、重、缓、急,笔触的提、按、顿、挫都是绘者要认真研究的。

2.3 毛笔材料

使用毛笔材料的画主要有水墨和水彩两种，水彩和水墨有着近似的表现方法和艺术特性，画面湿润流畅、轻灵通透。

作为素描，我们可以选取单纯的水墨表现，这样就滤去色彩的成分而更强调表现对象的结构特征。但要注意的是，这里指的水墨仅仅指在墨色的运用上，而对于纸张的选取和表现方式，我们仍需要运用写实绘画的手法，也即水彩画法。水彩画源于西方，适合表现地质现象和地质特征，而且有时候我们要表现一些地质现象，比如丹霞地貌，冰川地貌，或一些有色矿物化石标本时，色彩也是必要的呈现元素。故在此对水彩画做些简述，以供拓展学习。

水彩作为一种独立的绘画形式，有着悠久的发展历史。18世纪英国的水彩画，主要是在地形景物测绘方面的实际应用，以适应科学研究、航海、军事需要为目的。当时有关机构都雇用了专职画工从事地形图的绘制工作。这种地形图是以素描加水彩的形式，将某地的环境、地貌精确地描绘下来，兼具科学的精准和艺术的表现力。而这个时期的水彩画，也由此得到了长足的发展。

水墨、水彩技法入门较难但表现力强，绘者须首先了解和熟悉工具画纸的性能，然后才能更好地掌握与运用它。

2.3.1 画笔

画笔的种类很多，我们可以选用不同材质组合的水彩笔、国画笔、勾线笔、方头笔等，以备各种描绘的需要。好的画笔需有一定弹性和含水能力，易于把握。

2.3.2 颜料

水墨分墨汁和墨块，我们也可以选用水彩颜料中的黑色，但在纯度上中国墨会更黑一些。

水彩颜料大致分三种：块状干性水彩颜料、管装水彩颜料、瓶装液体水彩颜料。块状水彩盒便于携带，适合野外写生。管装水彩颜料需要配合调色盘使用，易于混合调色。水彩颜料随着色相的变化具有从透明到半透明的特性，落笔不宜涂改。

2.3.3 画纸

用毛笔类工具作地质绘画时，因为写实的需要，我们会选用好控制笔触的水彩纸而不是国画的宣纸。水彩纸分冷压纸、热压纸和手工纸，表面颗粒有粗细之分，纸张的厚度会用克数标示，一般来说克数为 300g 以上的较好着色和运笔，不易起皱变形。

理想的水彩纸，纸面白净，质地坚实，吸水性适度，着色后纸面平整，纸纹的粗细可以根据表现的需要选择。

在做大幅绘画或长期作业时，一般是选取单张水彩纸，最好先用清水将画纸的两面全部刷湿，然后用水融胶带沿着纸张的四边把画纸粘贴在画板上，待干燥后，纸面平整，易于作画。

现在市场上还有不同规格的水彩本，便于携带，可用于外出写生和做小画稿用。

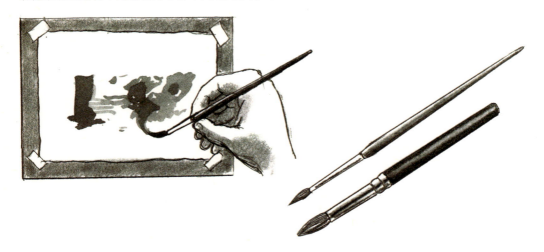

2.3.4 技法特点

毛笔类绘画的技法有湿画法、干画法和特殊技法等，水性材料的绘画重点在于水分的控制和笔法的精准，因为水作为媒介的灵动性，给这种画法带来了更高的难度和变化性。水彩在单色画时是以素描的形式呈现的，但作为一个独立的画种，它有着自成体系的丰富技法。由于篇幅有限，这里不再展开。

2.4 综合材料

素描中,除了前文介绍的铅笔、钢笔,毛笔等常规材料工具,还包括炭笔、油画棒、索斯、粉笔等固体材料工具。而时代发展到今天,还出现了在电脑上使用的绘画软件和手绘板,我们可以借助电脑辅助工具来完成作品。这些绘画工具,包括电脑辅助工具,也都有它们各自对应的纸张材料或载体。很多绘画工具和材料,既可以单独使用,也可以混合在一起使用。比如要更好地表现地质岩石标本的特征,需要辅以色彩,我们会用到水彩或钢笔淡彩的画法;而在画剖面素描时,一般是用机械性的、流畅规整的线条来表现,使用电脑绘画手段可以使绘图更加规范精准。至于采取何种方式进行素描,则需要根据我们要表现的对象和目的加以选择。而这些混合使用的材料工具,我们统称为综合材料。在绘画领域,材料工具的发展探索仍在继续着,而对物体的观察力、判断力、表现力和创造力则是艺术不断得以推进的内在动因。因此,熟悉和掌握材料工具,通过材料工具来训练我们的思维能力,从而达到利其器,善其事的境界,才是素描乃至所有绘画艺术的本质。

第三章 透视基本原理

在绘画中，特别是对于大视域角度的景观地貌描绘，如何用透视法则真实地再现自然是非常关键的。这一章，我们将重点介绍透视及其法则。

透视的名称源于拉丁文"perspclre"（看透），指在平面上描绘物体的立体空间关系的方法或技术。透视原理的发现，最早在古希腊时期，公元前5世纪就已经有了研究透视的方法。当时是采取通过一块透明的平面去看景物，再将所见景物准确描画在这块平面上，即得到透过平面看到的景物透视图。这种研究在平面上建立三维空间的方法，经过历代的继承和发展，到文艺复兴时期，就形成了有体系的透视学。

透视看似抽象，但其实不需要文字生硬地解读。透视现象潜移默化地存在于我们平常的生活和实践中，比如散步时看见一条直路在向远处延伸靠近直到交汇于地平线，再比如远处路灯感觉比近处的低，还有近处的海岸礁石延伸到水天相接处，变得越来越小等，这些都是透视。我们研究透视，是为了清晰地梳理我们对现实物体空间远近的观察，从而明确我们描绘景物的方式。我们从科学透视学的作图方法中，丰富和充实了自己表现物体立体感、空间距离和物体结构的技巧，从而使画面在二维平面上表现的三维空间更臻完善。

向远处延伸的林荫道 梵高

3.1 透视的概念

透视是研究在平面上再现空间感、立体感的方法及相关原理的科学。

正在研究透视原理的画家 1525 年 丢勒

透视的常用术语有:

(1) 视点——人眼睛所在的地方;

(2) 视平线——与人眼等高的一条水平线;

(3) 天点——视平线上方消失的点;

(4) 地点——视平线下方消失的点;

(5) 灭点——透视点的消失点。

我们平时看到的透视一般有平行透视（一点透视）、成角透视（两点透视）、倾斜透视（三点透视）和曲线透视这4种。为了便于理解，我们称对于一个物体，用几个灭点来绘制，就是几点透视。

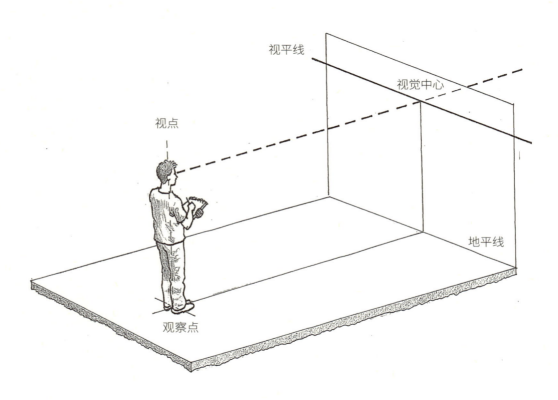

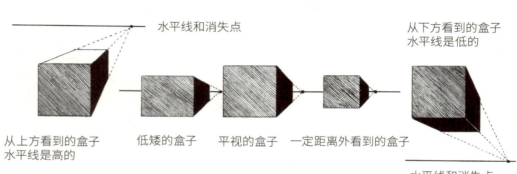

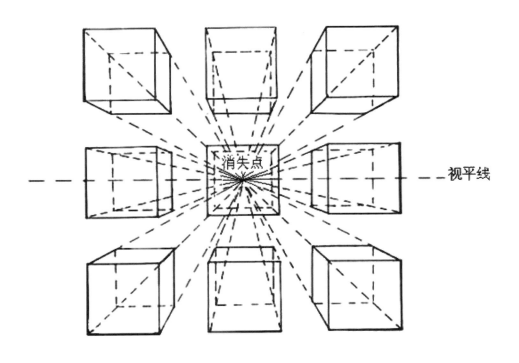

3.2 透视的类型

3.2.1 平行透视（一点透视）

平行透视，只有一个灭点，在对象中间的后方。方法是延长物体左右纵深的两条有会聚趋势的线，向后方会聚于一点。平行透视能产生纵深感。

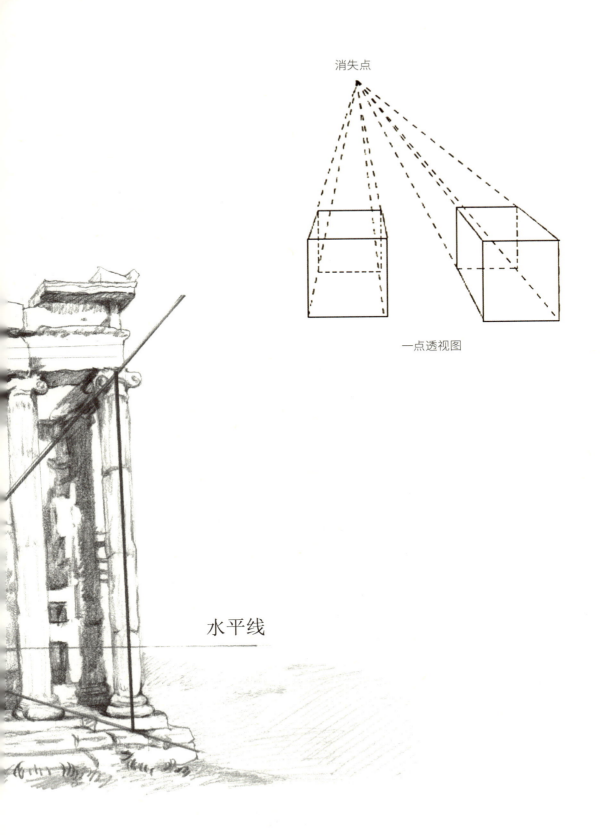

消失点

一点透视图

水平线

051

3.2.2 成角透视（两点透视）

成角透视有两个灭点，在对象的两侧的后方。方法是分别延长物体左右两方的有会聚趋势的四条线，两两交于对象左右两边的后方。成角透视是最符合视觉习惯的透视。很富有立体感。

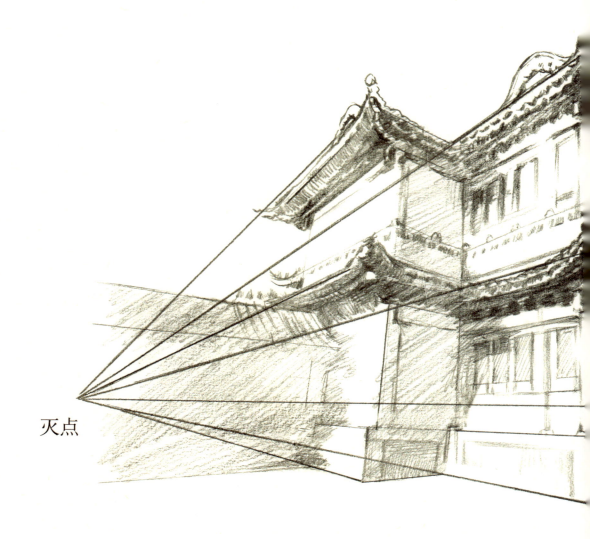

灭点

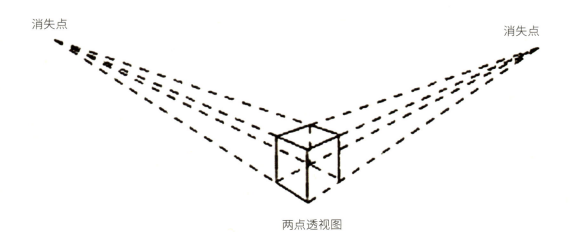

两点透视图

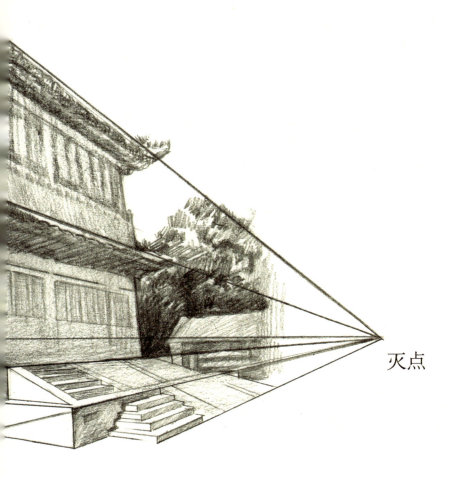

灭点

3.2.3 倾斜透视（三点透视）

倾斜透视有三个灭点，是对象在三个方向的主要面都倾斜的透视，所以又称三点透视。三点透视会造成俯视或仰视的视觉感受。

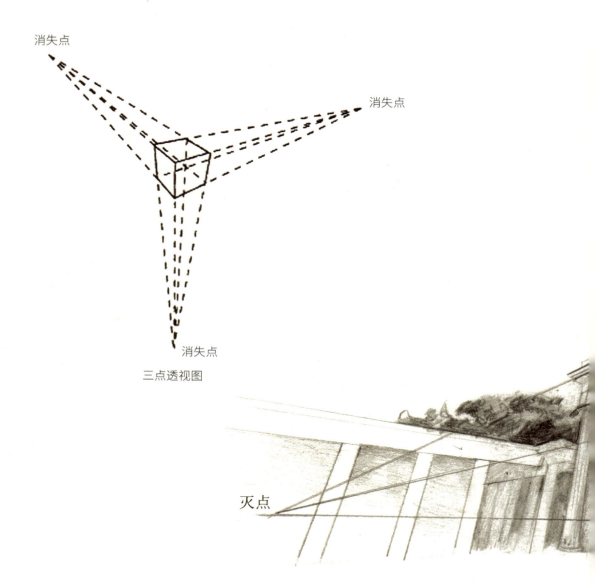

三点透视图

3.2.4 曲线透视

除了直线会发生透视现象以外,曲线也会发生透视现象,在圆形透视中,透视圆形会成为椭圆形,平置圆,透视圆心偏于远方,也就是前面的弧度要比后面的大。在画面正中时,最长透视直径为水平线,位置左右移动,透视形成偏斜状态。最长透视成斜线,离视平线越远弧度张开越大,越近则相反。

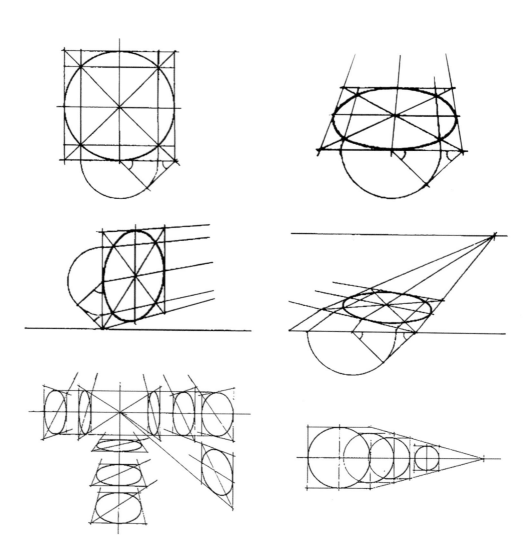

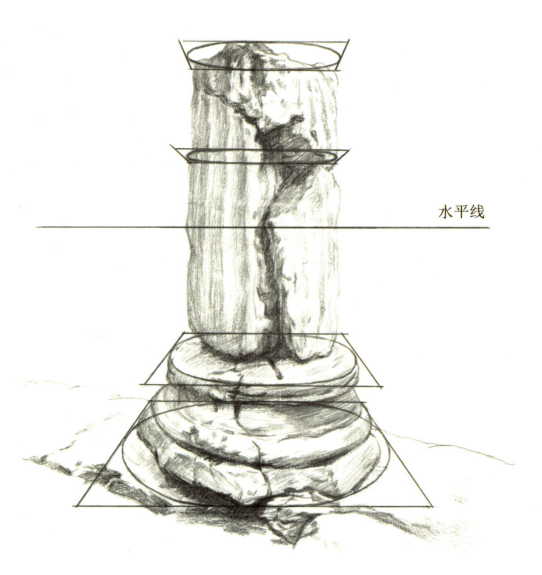
水平线

3.3 透视的应用

要在平面上建立一个三度空间的视觉空间，第一步是确定画面的视平线，然后视线在画面和现实物体之间反复观察，找到从物体到视平线的灭点，从而确定我们要表现的各个物体在画面上的空间位置。透视在实际情况中是比较复杂的，但我们只要记住如下要点，就能比较快速地抓住大的透视规律。

（1）近大远小：近大远小是视觉自然现象，正确利用这种性质有利于表现物体的体积感。

（2）近实远虚：近处的物象感觉会更清晰，而远处的物象感觉会有些模糊，这一现象也称空气透视。在绘画中也经常用来表现纵深感。

揣摩透视规律，建立良好的基础，是一个长期积累、循序渐进的过程。观察、作画，当我们沉浸其中，领悟就会越来越深刻，当我们可以熟练地将眼前景物呈现在纸面上时，会发现理解力和创作力会被进一步地激发出来，我们会不断发掘出各种各样的绘画表现方法，这是一个非常有益的学习历程。

第四章 素描基础技法

绘画是眼、脑、手三者的配合。眼是指对物体的观察能力；脑是指我们在深入观察对象的前提下，对物体进行的理解、分析和思考；手即技法，是指通过训练达到熟练描绘对象的能力。只有这三者达到和谐与统一，绘画技巧才能得以不断地突破。

绘画的起点始于观察。万物形形色色，如果不会正确地观察对象，就无法准确地表现对象。绘画训练更本质的是思维的训练，你需要有整体、深刻、敏锐的观察力，然后才是表达，画家不会画出绘画对象的所有细枝末节，而是有所取舍地再现，使我们描绘之物不但精准而且富有美感。在作画的过程中我们会使用各种技巧，使我们的画面更生动有趣，而要达到这样的效果，学习者需要进行持续有恒的实践训练。绘画的探索过程是由各个层面和阶段组成的，有时候会艰辛，有时候又豁然开朗。而一旦沉浸其中，就永远不会使人乏味。同时这种训练给人的回馈是，你会发现自己具有了更敏锐的洞察力和感悟力，同时也具备了更好的审美水平。

画家与卖主 1565 年 老勃鲁盖尔

4.1 构图法则

在我们写生作画之前,面对眼前的空白纸张,首先要做的是确立构图。构图是一幅画的起势,是绘画成败的重要因素之一。落笔之前对描绘物体做深入的观察体会,找到最佳角度,以及绘画的感觉和趣味,都是首要的步骤。

特别是面对野外地质景观,不但要选取最佳的写生角度,还要懂得略去一些与画面主题冲突的事物,比如遮挡住画面视野的杂物,或者有意添加一些能更好衬托主题的物体。要学会主动地甄别选取绘画要表现的内容,是一种能力的体现。

构图法则其实并无一定之规,它在变化中有统一,是理性把握和感性发挥创造的形式感。我们需要对画面做出全面的布局并将审美感觉注入其中。对于初学者,在绘画起稿时记住如下要点,可以帮助我们确立一个合适的构图。

构图方法有 3 个要点:
(1) 突出主体,主次呼应。如图中描绘的黄土地貌,其特点是沟谷众多、地面破碎。那么作画时,在构图上我们要选择最具代表性特征的一部分来表现沟壑众多的特征。画面中心部分是我们重点表现地貌特征的山体,所以要画得具体而详实,对比强烈,细节充分。而后面的山体,有意做了整体概括化的处理,一是为了表现空间的延伸感,二是为了更好衬托前面表现的主要山体。同时为了保持画面的空间连续性,我们对主体前面的山体也作了简要的描绘,使画面的层次更加完整,达到了主次呼应的效果。

(2) 空间合理，虚实得当。如图中表现风成地貌的沙漠景观，图中一条由远而近的"S"形曲线很好地拉开了大空间延伸的感觉。画面最前的沙丘大面积亮部和中段的暗部形成了黑白对比，强烈的光影对比使画面具有了真实空间感。

(3) 均衡统一的形式美。这张湖泊地貌的绘画，内容比较复杂。画面中心是湖面和小船，远处湖岸丘陵及植被隐约可见，但作了整体概括化处理，画面前面上方是树叶枝条的刻画，这样的画法既表明了更多一层的空间，也增添了画面的诗意。通观整个画面，内容虽然多，但空间层次分布有序，画面统一均衡，富有趣味。

4.2 观察方法

我们在开始准备作画时,会发现世间万物各具形状,十分复杂,仿佛无从下手。此时要做的,不是匆匆动笔,而是应该首先学会用科学的方法来观察。训练出正确的观察方式,才能够做到得心应手地描绘事物,这是绘画的内在必由之路。

素描写生的观察方法包括以下几个要点。

4.2.1 整体的观察

对物体进行全方位的观察,通过整体观察和全面比较,深刻认知我们要表现的对象。它是贯穿于绘画始终的最基本的观察方法。

绘画的过程好比是建筑房屋,先打好框架,修建整体墙面,再细致深入到局部的建造装饰。在作画的过程中,先从整体的架构出发,一步步向细节推进,在描绘局部的同时一定要有整体的意识,从而做到从整体到局部,再从局部回到整体,直到画面最好效果的完成。

4.2.2 比较的观察

通过比较掌握对象诸种因素的正确关系,如大小、高矮、宽窄、前后、倾斜度、明暗等对比关系,都需要在观察中通过比较获得其相对正确的认识。这就好比要我们在头脑里建立一个准确的坐标体系,通过对对象的比较观察,找到每个关键点在画面上的准确位置,用这种方法准确地再现物体的整体及局部。

如图所示,我们可以借助铅笔为测量辅助工具。手握铅笔拉直手臂,保持这个不变的一臂距离。然后用铅笔测量出物体的长宽比例,或将铅笔左侧或右侧,直到它与物体对齐,保持这个角度,然后将铅笔移到绘画的对应区域,以确定物体在纸上的正确角度和位置。当我们训练有素时,也可以用直接目测方式来找准物体在画纸上的形状与位置。

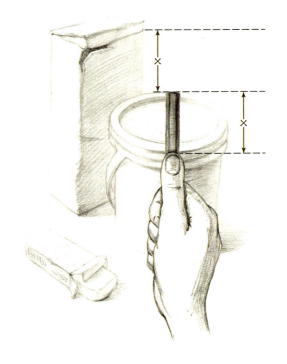

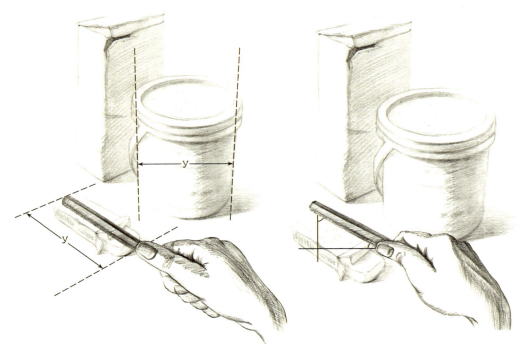

4.2.3 立体的观察

多角度地审视对象,测定各个物体之间的空间位置、距离,以求在任何角度作画都能正确地表现对象的立体空间关系。立体观察和立体表现是基础素描中必要的训练内容。素描的目的是要在平面上建立三维空间的立体形状,所以对物体从多方位、多角度理解,建立立体的绘画思维。

我们在野外观察地质现象时,要有立体观,如图例 1 所示的岩矿褶皱构造,虽然有表面风化裂痕的小变化,但我们首先从结构上去观察理解,它的基本块面实际上是如图例 2 所示的组成关系,在作画时用线条或明暗交代清楚这些主要块面的起伏转折,用这样的立体观和表现手法就可以准确、立体地反映各种地质现象和性状。

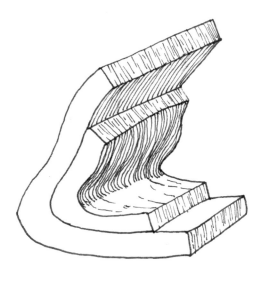

立体观察图例 2

立体观察图例 1

4.2.4 理解的观察

把对象归纳为最简单的几何形体。无论多么复杂的物体都能用方、圆、柱、锥等几何体或它们的组合体概括体现,从而掌握其基本的形体结构特征,理解其空间存在的方式。如能进而了解其解剖结构,就帮助我们更准确地理解和表现对象。

化繁为简和由简入繁,都是绘画的方式。绘画的过程是一个从整体起步到局部深入,再从局部刻画回到整体矫正协调的过程。我们对物体的观察越深刻,表达也就越从容。

我们知道,不同形态的地质现象主要表现在地质构造的变化和组合上,如层面、劈理、褶皱、侵入岩接触面、不整合面、风化面等。图例1所示的窗棂构造,表面的肌理看上去比较复杂,但我们仍然可以把它先归纳为图例2所示的简单的椭圆体,再由整体到细节,一步步地刻画。只有深刻理解它的内在关系,才能更完整全面地表现物体。

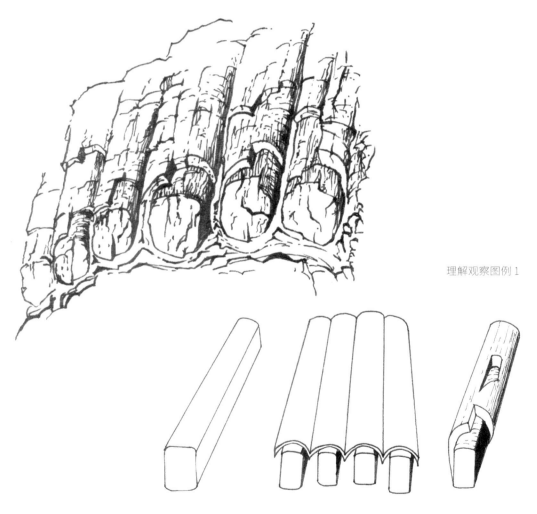

理解观察图例1

理解观察图例2

4.3 作画步骤

确立构图以后，对于微小景观如岩层的局部或岩矿标本的素描，我们要认真分析它的结构和质感，做到细致地再现物体的特征。而对于大视域的景观地貌素描，除了要理解物象的结构特点，同时还要注意对空间关系的把握，做到空间层次有远近虚实的变化。

我们常见的素描表现方法有结构素描和明暗素描两种。

结构素描偏重描绘物体的结构关系，是一种类似于骨架的画法。结构素描的画法可以很好地帮助初学者对物体正确的观察和理解，形成整体感、立体感、空间感的绘画思维。

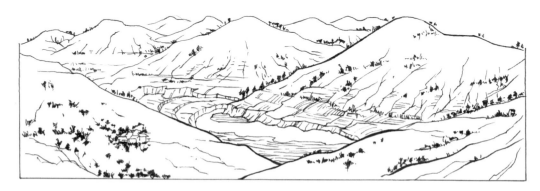

结构素描

结构素描

明暗素描则在结构分析的基础上加上了黑白调性的变化。明暗素描能非常真实地再现我们所见的现实世界,除了对物体实体感的表现,同时还可以细腻地再现它的质感以及在特定时空下光影的呈现,从而具有真实的氛围感。

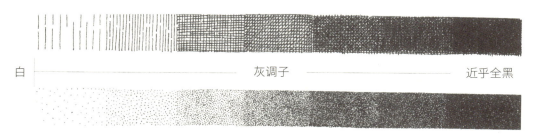

黑白色阶图

我们在画明暗素描时,通过对光影关系的观察可以将色调规律理解为:两面五调,两面即受光面和背光面,五调即亮面、灰面、明暗交界面、暗面、投影。通过对调性规律的理解和把握,我们可以更加逼真地再现所描绘事物的立体感和空间感。

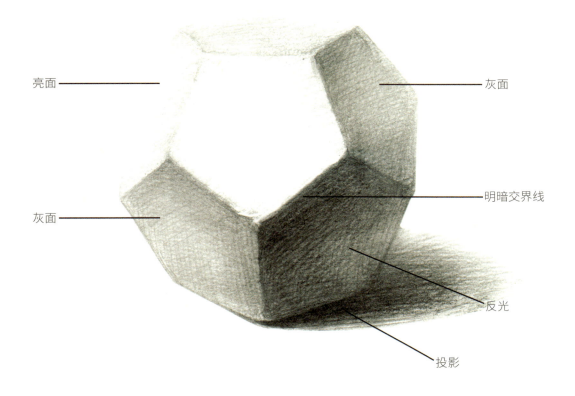

4.3.1 确立构图
推敲构图的安排，使画面上物体主次得当，构图均衡而又有变化。

4.3.2 划分结构
用长直线画出物体的形体结构，要求物体的形状、比例、结构关系准确。再画出各个明暗层次的形状位置。

4.3.3 深入塑造
通过对形体明暗的描绘逐步深入塑造对象的体积感。对主要的、关键性的细节要精心刻划。

4.3.4 调整完成
深入刻划时难免忽视整体及局部间相互关系，这时要予以全面调整，主要指形体结构，还包括色调、质感、空间、主次等，做到有所取舍、突出主体。

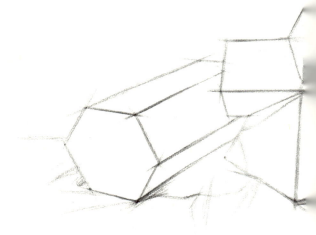

明暗素描完成稿

4.4 艺术表现

在掌握了素描基本的观察方法和表现方法以后，我们来继续探索练习。

要知道绘画这种形式最显著的特点就是以它的形式感和形式美对视觉产生作用的，也就是我们常说的艺术表现力。形式美的法则包涵了很多因素，如均衡、对称、节奏、韵律、空间、繁简等，它们之间既有联系又能相互转换，才使得我们的素描呈现出丰富的形式美感。

要画好地质素描，除了要在实践中逐步领悟形式美的内在法则，同时也需要掌握一定的艺术表现手法，以达到意贯笔通的目的。点线面的表现是素描时必然会用到的手法，它们可以单独使用也可以交替混合，下面以图例来说明。

4.4.1 点的表现

点绘法是用成簇的点来表现形状，用点的疏密聚散构成画面的色调变化，点绘可以很好地表现描绘对象的特殊纹理和质感，使画面风格化。

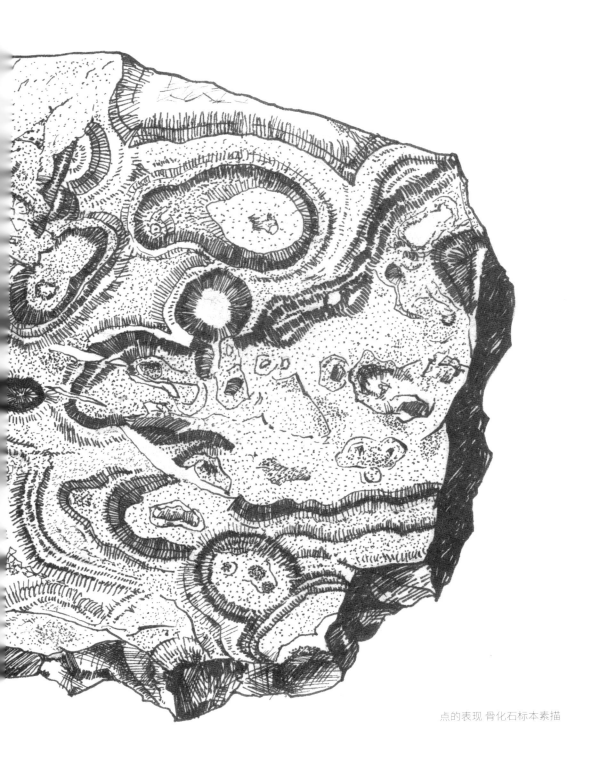

点的表现 骨化石标本素描

4.4.2 线的表现

线是素描中最常用的手法,线既可以快速地勾勒物体的形状、结构,也可以通过不同的笔触和排线,来呈现对象的体积、质感和空间的变化,达到细致而丰富的画面效果。

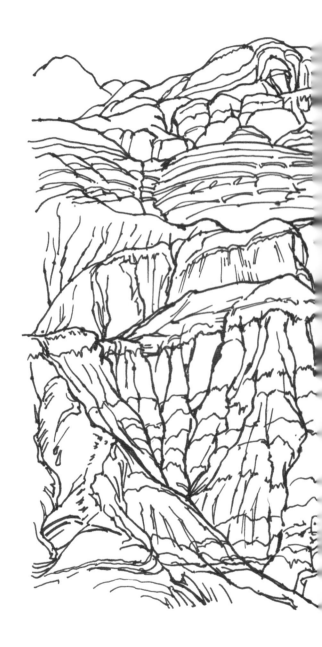

线的表现 骨化石标本素描

4.4.3 面的表现

面的表现手法是从物体的结构出发，用大的块面平涂来表现对象的体面感，多用于明暗素描。面的表现既可以用黑色大面积平涂滤去一些细节变化而着眼于整体的呈现，也可以用丰富的色块造成厚重细腻的层次，是一种很有力度的表现手法。

面的表现 风蚀地貌素描

面的表现 向斜褶皱构造素描

4.4.4 多种表现结合

在绘画中,我们会根据表现对象的特质灵活地选择表现手法,点线面的表现技法既可以单独使用,也可以结合使用,多变的手法能使绘画效果和肌理层次更加丰富。

第五章 地质绘画实例

以上我们从绘画角度阐述了要画好地质素描所需掌握的观察方法、透视原理、构图法则、素描技法和表现手段。要画出一幅完善的地质绘画作品，需勤于练习才能得心应手，而由于学科的交叉性，对地球科学的理解和对绘画技巧的掌握，都不可或缺。在本章，我们将从地学的分类角度列举地质素描和绘画的实例，以供读者参阅。

地质绘画图例分三大类：地貌、地质构造和岩矿标本。这三大类的地质绘画，从宏观到微观视角转换，它们的表现重点和描绘方式也会有相应的不同。

地貌绘画，一般视角比较开阔，在作画时，要特别注意对描绘对象的取景角度和在空间透视上的把握，要做到整体全面地再现景物的典型特征。

地质构造素描，有各种岩层、褶皱、断裂和小构造组合等。我们在作画时要重点观察和理解对象的块面体积、结构以及承接转折关系，从而由内而外地揭示出其本质的构造特点。

岩矿标本绘画，包括晶体、矿物集合体、岩石和古生物标本等。这一类的描绘对象大部分相对较小，需重点表现的是标本的形状、质感和个性特点。作画时，要细致地观察、深入地刻画，才能逼真地再现每个标本的具体特征。

以上三大类，大部分都可以用素描的方法来表现其科学内容。但其中也有一些，比如要表现地貌中冰川或岩土的色彩成分，还有一些晶体岩矿标本，色彩是其重要特性之一的，我们就需要采用有色彩的绘画形式来表现。除了地质素描，本章还列出了色彩形式的案例，比如表现地貌和岩矿标本的水彩画，作为本书内容的拓展。

素描是一切绘画的基础，也是最为本质精练的绘画手段。从地质素描开始，愿我们画得更好更丰富。

5.1 地貌绘画

5.1.1 山岳地貌

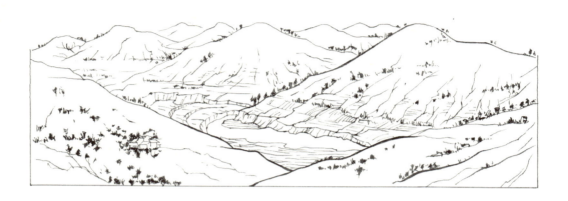

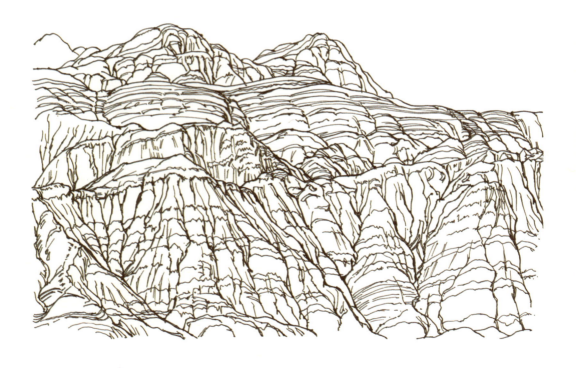

5.1.2 平原地貌

5.1.3 河流地貌

5.1.4 湖泊地貌

长白山天池火山口湖

5.1.5 海岸地貌

5.1.6 岩溶地貌

5.1.7 黄土地貌

5.1.8 风蚀地貌

5.1.9 重力地貌

5.1.10 冰川地貌

5.2 地质构造素描

5.2.1 水平岩层构造

5.2.2 直立岩层构造

5.2.3 倾斜岩层构造

5.2.4 褶皱构造

5.2.5 断裂构造

106

雅鲁藏布大峡谷断裂构造成因

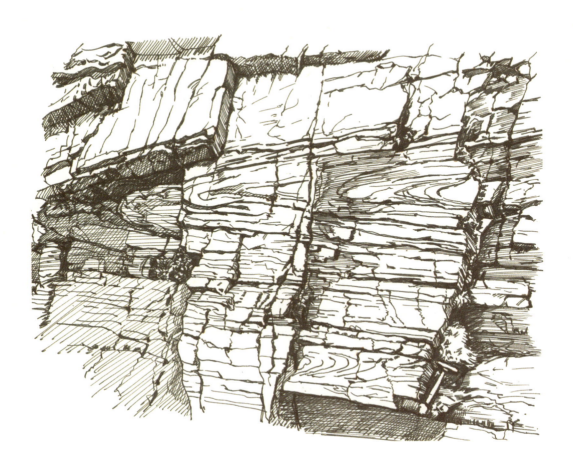

5.2.6 其他小构造

沉积布丁构造

柱状节理

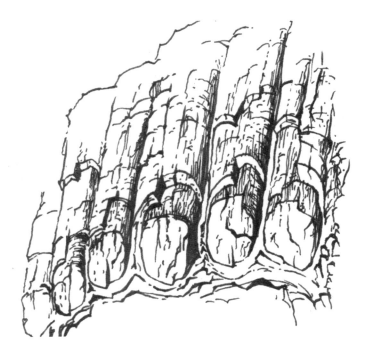

窗棂构造

柱状节理

羽状交错层理

柱状节理

110

5.2.7 多种构造组合

5.3 岩矿标本绘画

5.3.1 晶体标本

镜铁矿

超大晶体红色钾长石标本

蓝紫色萤石

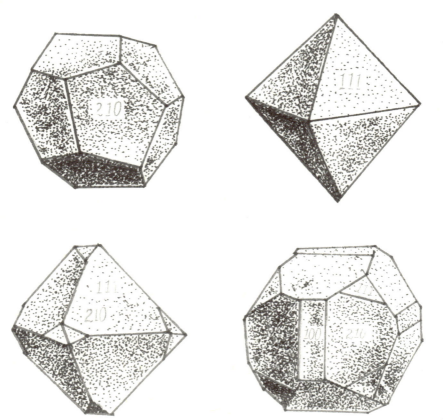

黄铁矿

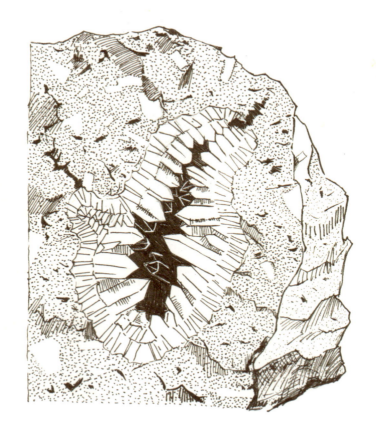

水晶晶洞

镜铁矿

5.3.2 矿物集合体标本

辉锑矿晶簇

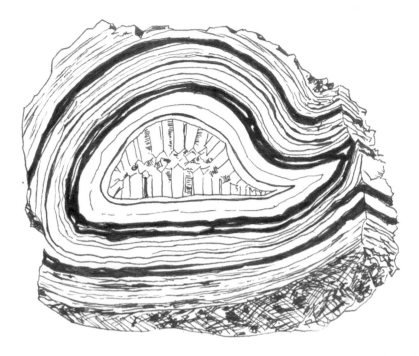

中心有石英晶簇的玛瑙晶腺

玛瑙晶腺

黑色电气石（碧玺）

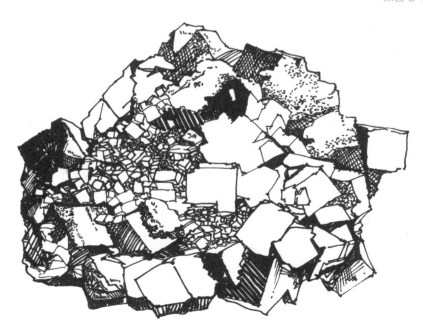

黄铁矿

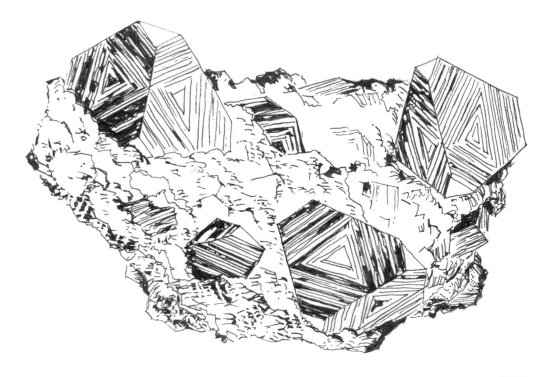

闪锌矿

黄铁矿和水晶晶体

宝石级冰种正阳绿祖母绿和白钨原石矿物

石英上面长八面体聚合球状蓝色萤石

119

天河石和烟晶

石榴石与水晶共生

钒铅矿和重晶石

方解石和辉锑矿共生

重晶石共生矿物晶体

5.3.3 岩石标本

千枚岩

变质岩

花岗岩

火山豆

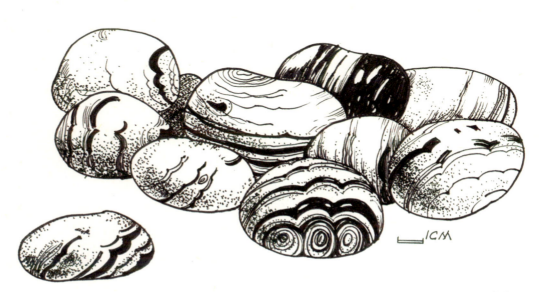

玛瑙砾石

5.3.4 古生物化石标本

鱼化石

鳞木化石

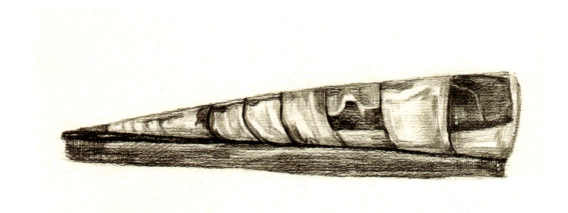

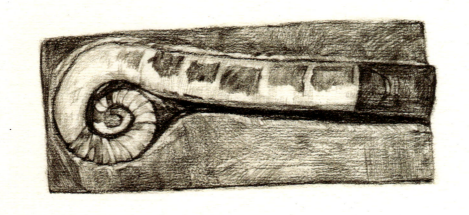

角化石

合川马门溪龙骨骼

三叶虫化石

蕨类化石

主要参考文献

温家宝. 温家宝地质笔记 [M]. 北京: 地质出版社, 2016.

[美] 彼得·格雷. 素描基础教程 [M]. 苏宝龙, 吴庭萱, 译. 北京: 人民邮电出版社, 2013.

[英] 巴林顿·巴伯. 英国风景素描教程 [M]. 余晓诗, 译. 上海: 上海人民美术出版社, 2012.

[英] 贡布里希. 艺术的故事 [M]. 杨成凯, 校. 范景中, 译. 南宁: 广西美术出版社, 2008.

李尚宽. 素描地质学 [M]. 北京: 地质出版社, 1982.

李尚宽. 透视与地质素描 [M]. 北京: 地质出版社, 1982.

蓝淇峰, 宋姚生, 丁民雄, 等. 野外地质素描 [M]. 北京: 地质出版社, 1979.

图书在版编目（CIP）数据

地质素描与绘画表现 / 池漪 编著. —武汉：中国地质大学出版社，2017.4
ISBN 978-7-5625-4018-2

Ⅰ. ①地…
Ⅱ. ①池…
Ⅲ. ①地质素描
Ⅳ. ① P623

中国版本图书馆 CIP 数据核字（2017）第 072120 号

地质素描与绘画表现		池 漪 编著
责任编辑：阎 娟	选题策划：张 琰	责任校对：周 旭
出版发行：中国地质大学出版社（武汉市洪山区鲁磨路 388 号）		邮编：430074
电话：(027) 67883511	传真：67883580	E-mail: cbb @ cug.edu.cn
经销：全国新华书店		http://www.cugp.cug.edu.cn
开本：787mm×1092mm 1/16	字数：207 千字	印张：8.75
版次：2017 年 4 月第 1 版	印次：2017 年 4 月第 1 次印刷	
印刷：武汉中远印务有限公司		
ISBN 978-7-5625-4018-2		定价：48.00 元

如有印装质量问题请与印刷厂联系调换